KB244333

MIX IT

에드링턴 코리아

에드링턴 코리아는 '맥시엄 코리아'라는 사명으로 1991년 설립됐다. 맥시엄 코리아는 에드링턴 그룹과 짐빔, 레미 마틴, V&S(앱솔루트 보드카)가 합자한 형태로 운영됐다. 이후 2009년, 에드링턴 그룹은 아시아 시장 개척과 유통망 확보를 위해 맥시엄 코리아 지분을 인수하고 직접 운영하기 시작했다. 2012년 1월, 전 세계 지사의 법인명을 모두 에드링턴으로 변경한다는 규정에 따라 맥시엄 코리아에서 에드링턴 코리아로 사명을 변경했다.

현재 에드링턴 코리아는 맥캘란, 하이랜드 파크, 라프로익 등 싱글몰트 위스키뿐 아니라 커티삭 위스키, 브루갈 럼, 스노우 레퍼드 보드카, 스카이 보드카, 짐빔, 사우자 데킬라 등 다양한 주류 브랜드를 수입·유통하고 있다.

에드링턴 그룹 The Edrington Group

에드링턴 그룹은 영국의 대표적인 자선 단체 로버트슨 트러스트 The Robertson Trust의 자회사로 1961년 스코틀랜드에서 설립됐다. 전체 직원의 60% 이상이 전 세계 17개 국가에 있을 정도로 국제적인 주류 시장 개척과 개발에 힘쓰고 있다. 특히 스카치 위스키 회사 중 처음으로 중국 상하이에 지사를 둘 만큼 아시아 지역 등 신흥 시장에 관심을 가지고 있다.

MIX IT

믹솔로지스트가 제안하는 트렌디 칵테일 68

에드링턴 코리아 지음

21세기북스

■ Contents

PART I.
Cocktail

PART II.
Brand

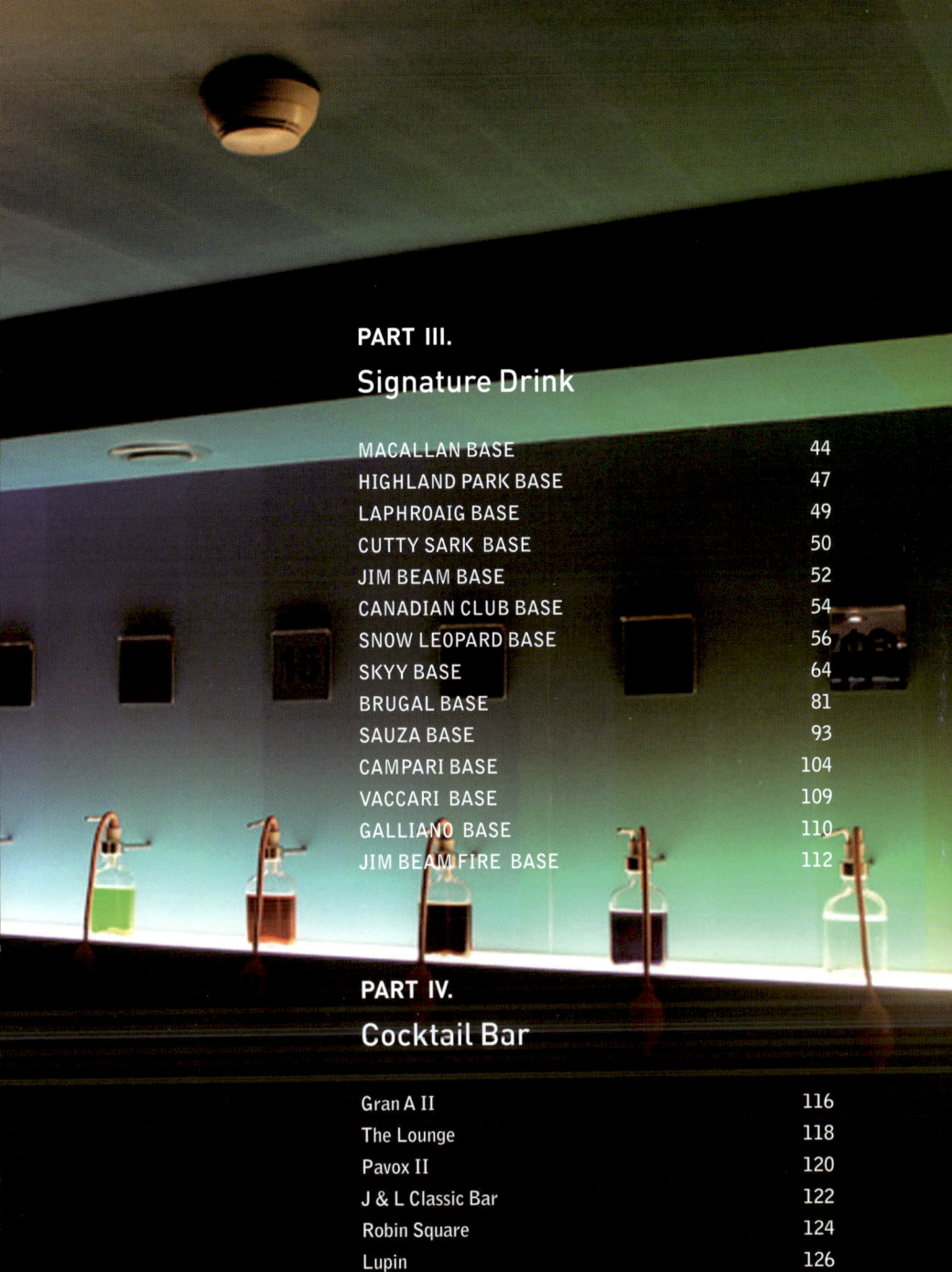

PART III.

Signature Drink

PART IV.

Cocktail Bar

About Mixology

Mixologist란?

흔히들 Mixology를 바텐딩으로, Mixologist를 바텐더로 생각하는 경우가 많다. 하지만 Mixologist는 술을
섞는 바텐더 그 이상으로 Mixology(음료 혼합 기술) + ist(학자/전문가), 즉 음료 혼합 전문가라 할 수 있다.

음료 혼합 기술은 칵테일, 주류에만 한정되는 것이 아니고, 우리가 일상에서 흔하게 접할 수 있는 커피나
차는 물론 주스, 탄산음료, 심지어 요리할 때 사용하는 부재료들까지 다양하게 적용된다. Mixologist는
이러한 음료 혼합 기술뿐만 아니라, 상황에 필요한 모든 것을 기획하고 연출하여 한 잔의 글라스에 담아내는
엔터테이너라 할 수 있다.

에드링턴 코리아가 지향하는 Mixology는 위에서 말한 내용과 더불어 쉬운 음료를 만드는 것에 초점을 두고 있다. Mixologist가 있는 바Bar에 가서 각양각색의 음료를 맛보고 즐기는 것도 좋지만, 그렇지 못할 경우에도 기본 베이스가 되는 술만 준비되어 있다면 누구나 쉽게 가정 또는 다양한 파티 공간에서 강하지 않으면서 분위기에 어울리는 음료를 만들 수 있다. 이것이 에드링턴 코리아가 이 책의 PART III. 시그니처 드링크Signature Drink에서 소개하고자 하는 Easy Mix Cocktail이다.

칵테일 알코올 재료

칵테일에 사용되는 술은 그 용도와 맛에 따라 참으로 다양하다. 아래의 술은 기본적으로 널리 애용되는 술이며, 그에 대한 자세한 내용은 베이스 별 레시피에서 살펴보도록 하겠다.

보드카 Vodka

보드카는 슬라브 어에서 기원한 말로 '작은 물Little Water' 이라는 뜻이다. 3무無라 해서 무색Colorless, 무미Tasteless, 무취Odorless의 술로 칵테일의 기본 주酒로 많이 쓰인다. 주로 감자, 고구마, 보리, 밀, 호밀, 옥수수의 맥아를 당화 발효시켜 증류—여과—정제 과정을 거쳐 만든다.

럼 Rum

서인도 제도가 원산지인 럼은 사탕수수의 생성물인 당밀을 가지고 만든다. 당밀 자체가 풍미가 좋고 단맛과 향이 있으며, 원료 자체가 당분이므로 별도의 당화 과정은 필요 없다. 당액을 발효하는 차이에 따라 라이트 럼Light Rum, 헤비 럼Heavy Rum 으로 구분된다.
럼은 만드는 지역마다 증류, 숙성, 블렌드에 큰 차이가 있다. 일반적으로 헤비 럼 (다크 럼), 미디엄 럼(골드 럼), 라이트 럼(화이트 럼)으로 구분할 수 있다.

진 Gin

진은 원래 열대성 열병 치료약으로 만들어졌다가 진 특유의 향이 주목 받으면서 그 용도가 다양해졌다. 주로 주니퍼베리Juniper Berry, 코리엔더Coriander, 안젤리카 Angelica 등의 식물들을 이용한다. 종류로는 영국의 제조 방식을 따른 런던 드라이 진, 과일, 씨, 뿌리 등으로 향을 내는 플레이버드 진, 네덜란드 지방에서 많이 생산되며 칵테일용보다는 스트레이트로 많이 마시는 제네바, 올드 톰 진, 플리머스 시의 수도원에서 만들어진 진으로 드라이 진에 약간의 당분을 가미해 런던 드라이 진 보다 강한 향을 지닌 플리머스 진, 약간의 황색을 지닌 골든 진이 있다.

위스키 Whisky

곡물에 있는 전분을 당분으로 바꾸어 맥아를 사용해 발효, 증류하여 만든다. 종류로는 몰트 위스키, 그레인 위스키, 블렌디드 위스키가 있다. 몰트 위스키는 맥아만을 사용하여 만든 위스키이며, 그레인 위스키는 주로 옥수수 등의 곡물과 맥아를 이용하여 만든다. 블렌디드 위스키는 몰트와 그레인을 섞어서 만든 것을 말한다. 지역으로 나누면 스카치 위스키와 아메리칸 위스키, 카나디언 위스키, 아이리쉬 위스키, 재팬 위스키 등이 있다. 이들은 각각의 특징들을 갖고 있다. 표기법으로는 영국식 표기법 'Whisky'와 미국식 표기법 'Whiskey' 둘 다 맞는 표현이다.

브랜디 Brandy

과실로 만든 술을 총칭하며 그 어원은 네덜란드의 Brande-Wijn(구운 와인)에서 왔다. 주로 포도로 만들지만 그 외에 사과, 체리 등의 과실로도 만들 수 있다. 유명 브랜디는 프랑스의 남서쪽 지역에서 만든 브랜디인 꼬냑과 아르마냑이 있다. 꼬냑과 아르마냑은 숙성 등급에 따라 V.S. Very Special, V.S.O.P. Very Special Old Pale, X.O. Extra Old의 등급 체계가 있다.

데킬라 Tequila

멕시코에서 생산되며 선인장의 일종인 용설란으로 만들어진다. 데킬라 지역에서 생산되는 것만 데킬라라 명명되며 그 외는 메즈칼이라고 부른다. 또한 51% 이상 용설란으로 만들어야 하며, 용설란 이외의 것과 섞인 제품은 믹스토 Mixto라고 레이블에 명시되며, 순수하게 용설란만 사용한 경우 100% 아가베Agave 라 명시된다. 등급으로는 무숙성의 Plata(실버), Blanco (화이트), 호벤Joven이 있으며, 숙성된 레포사도Reposado, 아네호Anejo가 있다.

리큐어 Liqueur

리큐어는 본래 약으로 사용되는 술로, 약초를 알코올에 담궈 보관하면 보존 효과가 좋아지는 것에 착안하여 개발되기 시작하였다. 스카치 위스키나 꼬냑 등의 오래된 술을 베이스로 하며 여러 재료들과 설탕을 넣어 만드는 음료이다. 단일품으로 마시기도 하나 주로 각 특징을 살려 조화를 구성하는 칵테일의 재료 중 하나이다. 제조법으로는 주정 과정에 재료를 첨가하여 얻는 증류법과, 재료를 달이거나 담가 놓아 얻는 침용법, 주정에 천연 또는 합성 향료를 배합하는 에센스법이 있나.

칵테일 기본 지식

칵테일은 만들기 어렵거나 복잡하지 않다.
특별한 잔, 고급스러운 칵테일 도구, 이국적인
장식물들이 있으면 좋겠지만 반드시 필요한 것은
아니다. 초기 단계에서는 더욱 그렇다. 단 몇 개의
기본적인 것들만 갖추어도 당신은 능력 있는 칵테일
전문가가 될 수 있다.

칵테일 글라스

칵테일은 맛과 향도 중요하지만 시각적인 효과도 무시할 수 없다. 그러므로 칵테일을 보다 돋보이게 하고, 한 단계 업그레이드 된 결과를 원한다면 글라스의 선택이 중요하다. 아래의 이미지는 일반적으로 가장 널리 이용되는 칵테일 글라스이다.

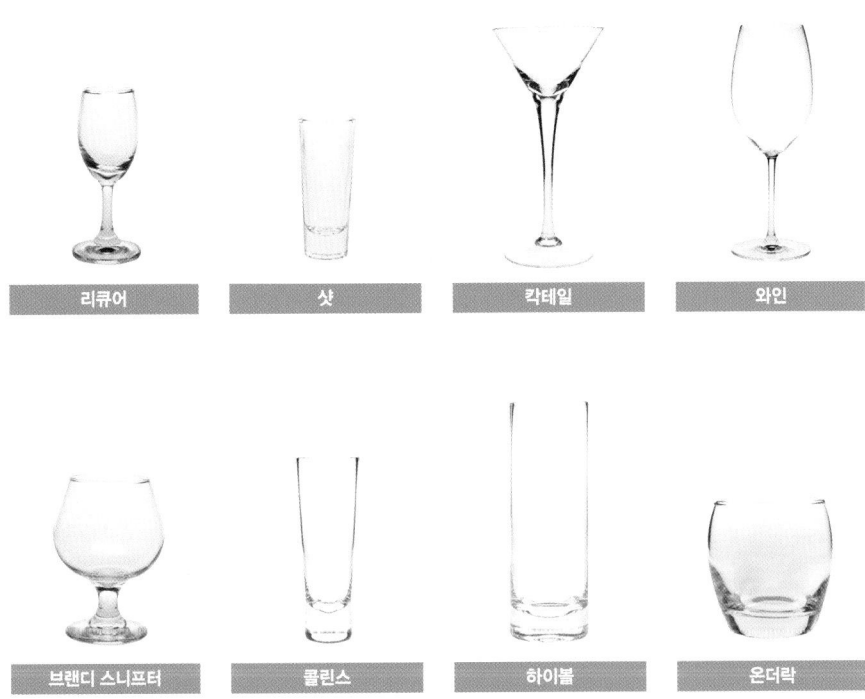

리큐어   샷   칵테일   와인

브랜디 스니프터   콜린스   하이볼   온더락

칵테일 도구

아래의 이미지들은 칵테일을 만들기 위해 갖추어야 할 기본적인
도구들이다. 전문가 단계로 갈수록 여러 가지 도구들이 필요하기는 하나,
우선 기본적으로 유용하게 사용되는 도구들을 살펴보도록 하겠다.

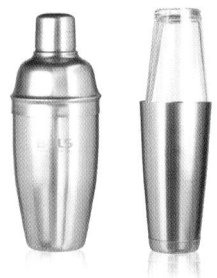

스탠다드 쉐이커/보스턴 쉐이커

칵테일 조주 시에 여러 가지 재료를 섞어
주며, 재료를 차갑게 만들 때 사용하는
도구다.

지거

칵테일용 계량컵이라고도 하며, 술의
양을 측정하기 쉽도록 만든 도구다.
윗부분 1온스(30ml)와 아랫부분 1.5온스
(45ml)로 구성되어 있다.

머들러

나무 또는 스테인리스로 만들어진
도구로, 칵테일을 휘저어 혼합시키거나
과육을 으깨는 데 사용한다.

스트레이너

칵테일을 잔으로 옮길 때 얼음이나
부재료들이 들어가지 않도록 도와주며,
망으로 된 스트레이너는 작은 찌꺼기까지
걸러주는 데 도움이 된다.

스퀴저

레몬이나 오렌지, 라임 등 감귤류의 즙을
짜기 위한 도구로 반으로 자른 과일을
누르면서 돌리면 과즙이 나온다.

바스푼 (믹싱스푼)

믹싱스푼 또는 롱스푼이라고도 하며,
재료를 혼합하기 위해 사용하는 스푼이다.
때로는 액체의 무게를 컨트롤하여
레이어링을 만드는 기술에도 사용된다.

칵테일 기법

칵테일을 만들기 위해서는 여섯 가지 주요 기술이 있다. 각 기능은 각 술의 종류에 적합하게 맞춘 것으로 오감을 자극하는 멋진 칵테일을 만들기 위해서는 꼭 익혀야 할 기술이다.

	빌드Build
기법 설명	글라스에 칵테일을 담는 기술
희석 정도	특별한 효과 없음
대표 칵테일	멜론볼
아이콘	

젓기 Stir

보스턴 글라스 또는 쉐이커에 얼음을 넣고
바스푼으로 저은 후 스트레이너로 거르는 기술

10% 정도 희석됨

마티니

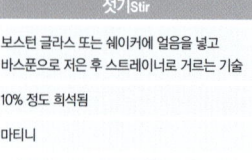

레이어 Layer

칵테일이 제품의 알코올 도수와 당도에 따라
층이 생기게 만드는 기술

각 층이 생김

B52

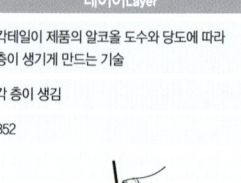

쉐이크Shake

쉐이커에 얼음을 넣고 뚜껑을 닫고 흔든 후
스트레이너에 거르는 기술

25% 정도 희석됨

준벅

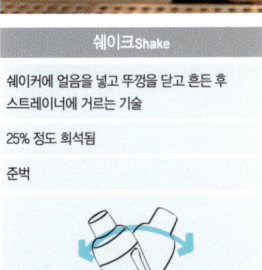

블렌드Blend

전기 믹서를 사용하여 재료를 넣고
잘 섞는 기술

40% 정도 희석됨

마가리타

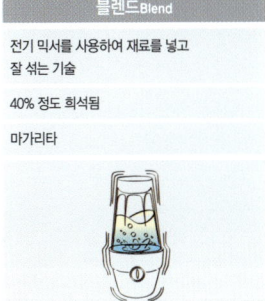

핫Hot

재료를 적당한 온도로 데워서 글라스에
제공하는 기술

따뜻함

아이리쉬 커피

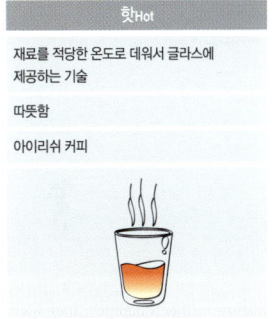

OUR BRANDS

에드링턴 코리아는 지난 1991년 한국에 설립된 이후, 현재는 맥캘란, 하일랜드 파크, 스노우 레퍼드, 스카이, 브루갈, 캄파리, 짐빔 등 유수의 프리미엄 브랜드를 유통하고 있다.

The MACALLAN
The SINGLE MALT

맥캘란The Macallan은 스코틀랜드에서 1824년에 설립되어 두 번째로 공인 증류 면허를 취득한 위스키 회사이다. 전 세계 싱글 몰트 위스키를 대표하는 제품으로, 중세 시대 스코틀랜드 스페이 강 유역 크래겔러키에서 탄생하였다.

오랜 세월 동안 맥캘란 생산에 있어 가장 중시되어 온 철학은 바로 '품질'. 최고의 품질을 위해 가장 좋은 물, 보리, 이스트, 제조 비법, 쉐리 오크 통을 사용하며 수백 년이 넘도록 맥캘란의 장인 정신과 전통을 고수해오고 있다. 국내에는 12년산, 15년산, 18년산, 21년산, 25년산, 30년산과 함께 전 세계적으로 수량이 한정된 맥캘란 1946과 맥캘란 1971이 소개되었으며, 2005년에는 1920년대에서 1970년대에 증류된 최고급 빈티지 라인인 '파인 앤 레어Fine & Rare' 컬렉션 39종을 선보였다. 또한 2006년 이후 50년산 이상의 스페셜 리미티드 에디션 '맥캘란 라리끄Macallan Lalique'가 소량 수입되어 판매되고 있다.

SINGLE MALT SCOTCH WHISKY

스코틀랜드 최북단 오크니 섬에 위치한 하일랜드 파크 증류소는 1798년부터 위스키 생산을 시작하여 200년이 넘는 지금까지 역사적 전통과 장인 정신을 이어와 전문가를 비롯한 위스키 권위자들로부터 끊임없는 찬사를 받고 있는 명품 싱글 몰트 위스키 브랜드다. 하일랜드 파크는 12년산, 18년산, 25년산, 30년산으로 나뉘어지며 각각의 싱글 몰트 위스키는 오크니 섬의 특징인 스모키한 맛, 피트의 강한 맛 그리고 부드러운 꿀의 조화와 함께 더할 나위 없는 맛을 느끼게 한다.

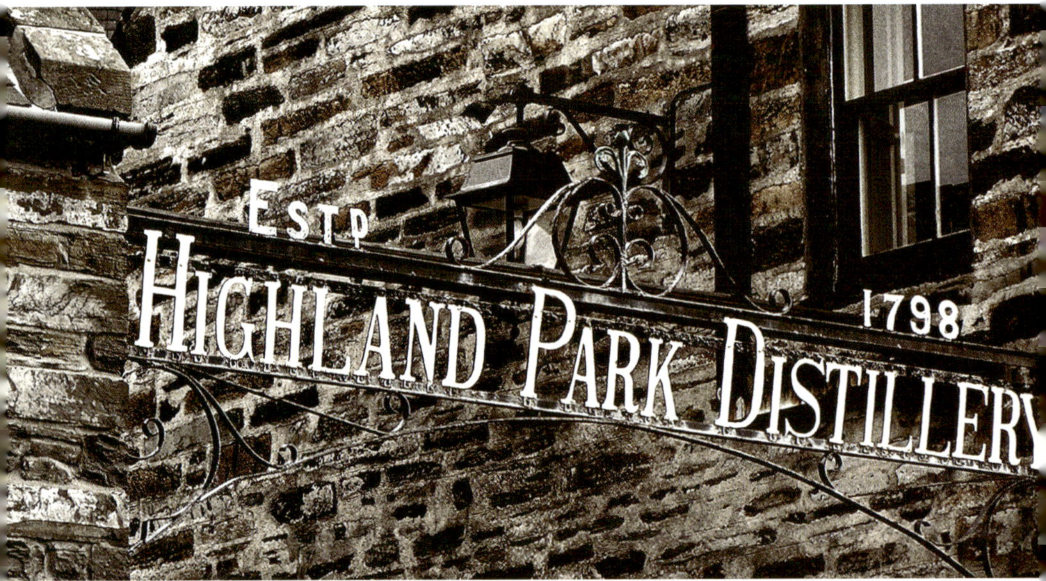

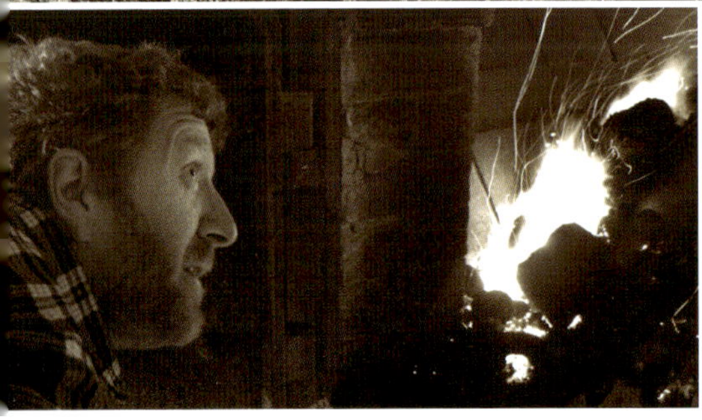

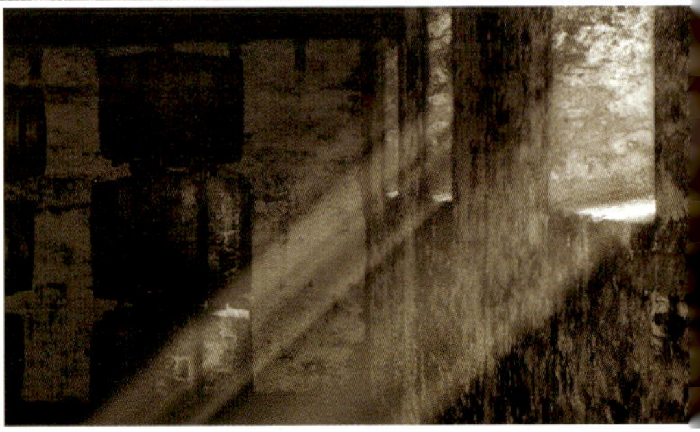

SNOW
LEOPARD
VODKA

세계 최초로 이윤 추구보다는 멸종 위기에 처한 동물을 살리고 보존해 나가기 위해 만들어진 윤리적 보드카로 알려진 스노우 레퍼드 보드카는 생태계 보존을 위한 제품으로 곡물의 제왕으로 불리는 스펠트 밀을 사용하여, 수백 년간 정련된 증류 과정을 통해 만들어지는 영국 보드카이다. 스노우 레퍼드 보드카는 눈 표범 보호 재단에 수익금의 일부를 기부하여 멸종 위기에 처한 눈 표범를 구하려는 데 목적이 있다. 지금까지 눈 표범 보호를 위해 미화 10만 달러(한화 1억여 원)가 모금되었다.

장기적인 목표는 스노우 레퍼드 보드카의 연간 판매를 통해 미화 100만 달러를 눈 표범 보호 재단에 기부 하는 것이며, 이를 통해 한 세대 안에서 눈 표범을 멸종 위기에서 구할 수 있는 발판을 마련하는 것이다. 스노우 레퍼드 보드카의 원료인 스펠트 밀은 기존의 밀에 비해 담백질 함유량이 높으며 이는 보드카 원액의 부드러운 목 넘김과 질감에 많은 영향을 끼친다. 스노우 레퍼드 보드카는 600년 이상 보드카를 만들어 온 폴모스 지역에 위치한 루블린 증류소에서 증류되며, 총 6번의 단식 증류를 통해 슈퍼 프리미엄 보드카를 생산하고 있다.

SKYY®
VODKA

1992년 스카이 브랜드 창립자인 모리스 캔버Maurice Kanbar는 숙취, 특히 두통이 없는 맑고 깨끗한 보드카를 직접 만들어 보겠다는 신념으로 여러 증류소를 찾아 다니며 연구해 독창적인 공법을 개발했고, 숙취 유발 물질인 컨지너Congener를 최대한 줄이는 데 성공했다. 이렇게 완성된 보드카의 맑고 깨끗한 맛을 표현할 수 있는 동시에, 외우기 쉬운 이름을 고민하던 중 샌프란시스코의 구름 한 점 없는 높고 파란 하늘을 보고 영감을 얻어 샌프란시스코의 하늘을 상징하는 SKY에 Y를 하나 더 보탬으로서 SKYY가 탄생하게 되었다.

조지아 피치 Georgia Peach

미국 조지아 지역에서 생산된 복숭아(천
도 복숭아)를 사용해 기존의 Peach Fla-
voured Vodka에 비해 절제되고 깔끔한
맛을 가지고 있다.

모스카토 Moscato

상큼하고 달콤한 청포도와 약간의 시
트러스류의 향을 가지고 있으며, 기존
SKYY Infusion들보다 달콤한 맛을 가
지고 있다.

패션 프루츠 Passion Fruit

매혹적인 느낌으로 달콤한 오렌지를 연
상시키며 잘 익은 구아바와 퍼플 패션 후
르츠가 제공하는 풍부한 트로피컬 향을
느낄 수 있다.

라즈베리 Raspberry

상큼하고 감미로운 라즈베리 특유의 향
을 지니고 있으며 꾸밈없는 순수한 라즈
베리 천연의 맛을 경험할 수 있다.

파인애플 Pineapple

상큼한 파인애플 과육의 향과 맛을 가지
고 있으며, 약간의 시트러스 류와 향신료
의 풍미가 더해져 기존의 가볍고 달콤하
기만 한 파인애플 향보다는 더 깊은 풍미
를 즐길 수 있다.

시트러스 Citrus

풍부하고 선명한 오렌지 향으로 시작해
신선한 레몬과 열정적인 라임의 조화로
산뜻한 마무리를 느낄 수 있으며, 어떤 칵
테일에도 어울리는 가장 인기 있는 플레
이버다.

REFRESHINGLY DRY RUM

브루갈은 1888년 도미니카 공화국에서 탄생되었다. 다른 럼에 비해 드라이해서 칵테일을 만들기 이상적이며, 숙취를 유발하는 유해성 알코올이 현저히 낮은 고품질의 럼이다. 미국, 유럽에서 가장 빠르게 성장하고 있으며, 럼의 본고장 캐리비언 지역 No.1 럼으로 최고급 품질을 자랑한다. 단맛이 절제된 드라이 함으로 깔끔한 칵테일의 베이스가 되며, 비앙코 럼인 브루갈 엑스트라 드라이는 간단한 레시피만으로도 믹스하기 용이하다.

N°3 LONDON DRY GIN

No.3 진은 영국 런던에서 가장 오래된 와인 및 증류주 제조 업체인 베리 브라더스 사社 만의 독창적이고 전통적인 레시피로 증류하여 만든 정통 런던 드라이 진이다. No.3라는 이름은 1698년에 설립되어 제품이 탄생 된 영국 런던의 세인트 제임스 스트리트의 주소에서 비롯되었다. No.3 진은 최고의 맛과 향을 간직한 드라이 마티니를 만드는데 가장 적합한 세계 최고 품질의 진이다. 주니퍼를 원재료로 하여 전통적인 방식인 구리 증류기에서 여섯 가지 종류의 식물들을 증류하여 완벽하게 균형 잡힌 맛을 만들어 낸 부드럽고 세련된 맛을 나타내는 정통 런던 드라이 진이다.

나폴레옹 꼬냑으로 불리는 꾸부아제는 나폴레옹 1세가 세인트 헬레나 섬으로 유배될 때 파리 외곽의 베르시 지방의 꼬냑인 꾸부아제를 함께 가져갔는데, 그때부터 나폴레옹 꼬냑으로 불리게 되었고, 1869년 나폴레옹 3세는 꾸부아제에 프랑스 왕실 공식 꼬냑의 명칭을 수여했다. 1929년 꾸부아제는 나폴레옹 꼬냑 "Le Cognac de Napoleon"을 정식 슬로건으로 사용하면서 나폴레옹 문양을 사용한 제품을 선보였고, 1950년에는 조세핀 병으로 불리는 제품을 내놓음으로써 나폴레옹의 심볼들이 꾸부아제의 상징으로 알려지게 되었다. 꾸부아제 V.S.O.P는 Fine Champagne의 기준에 부합하는 그랜드, 프티샹파뉴 두 지역의 포도만 사용하기 때문에 부드러운 맛과 섬세한 바디감을 가지고 있다.

LAPHROAIG®

1994년 라프로익 증류소를 방문한 찰스 황태자는 특유의 맛과 향에 반해 공식 왕실 인증서를 그날 바로 수여했다. 영국 왕실이 인정한 최초의 싱글 몰트 위스키가 된 것이다. 2008년 증류소에 다시 방문한 찰스 황태자가 직접 몰팅을 하고 자신이 가장 좋아하는 15년산에 직접 자필 서명을 남기기도 했다. 바다를 접한 아일라 섬의 지리적 특성과 질 높은 맥아의 결합, 위스키 메이커의 정성이 어우러져 특유의 맛은 변함없이 계속되고 있다. 진한 맛과 입 안에 머무는 스모키한 피트 향, 목으로 넘긴 후 계속 남아 있는 강렬한 향이 멋진 조화를 이룬다.

1923년 런던에서 탄생한 커티삭은 매일 79만 잔씩 소비되는 세계인의 위스키로, 상쾌하고 깔끔한 맛, 그리고 청량감이 특징이다. 위스키 증류소의 본고장인 스페이사이드 지역에서 제조된 20여 종의 싱글몰트 원액과 하일랜드 지역의 최고급 그레인 위스키를 엄선해 블렌딩한다. 배합 후에는 6개월 여간 아메리칸 오크통에서 숙성시키며, 이 과정에서 커티삭 고유의 투명한 호박색을 띠고 바닐라, 시트러스 등 시그니처 향을 품는다. 이 때문에 다른 리큐어 또는 음료와 잘 어울려 다양한 칵테일로 활용하기 좋은 위스키로도 인기가 높다. 국내에는 커티삭 오리지널, 12년, 18년, 25년, 블랙, 몰트 등의 라인업을 갖추고 있다. 커티삭이라는 이름은 1800년대 후반 무역선 중 가장 빠르기로 유명했던 범선의 이름을 따 명명됐다. 이 쾌속선이 그려진 노란색 라벨과 녹색 병은 커티삭만의 역동적이고 개성 있는 스타일을 대변한다

최상의 품질을 일관되게 유지하고 있는 캐나디언 클럽은 고유한 특색 속에 실크와 같은 최상의 부드러움을 간직하고 있다. 그 이유는 캐나디언 클럽만의 비기인 제조 방식에서 찾을 수 있다. 호밀이 다량 함유된 곡물 주정(옥수수, 보리)을 두 번 증류하고, 이렇게 증류된 원액은 블렌딩 된 후에 참나무 통에서 숙성된다. 캐나디언 클럽은 스트레이트 그 자체를 즐겨도 되며, 타 음료와 혼음하여도 완벽한 밸런스와 부드러움을 느낄 수 있다.

미국의 아이콘, 버번위스키 판매량 세계 1위. 100개국 이상의 국가에서 판매되고 있으며, 버번위스키의 선두주자 자리를 유지하기 위해 200여 년이라는 긴 시간 동안 그들은 자신들의 전통 비법을 고집해왔다. 짐빔 특유의 이스트로 발효된 화이트 독은 저온에서 증류되어 짐빔만의 독특한 맛을 만들어 내며, 증류소에서 직접 제작한 태운 오크 통에서의 숙성은 묵질에서 비롯된 당분으로 인하여 더욱 깊은 짐빔의 풍미를 가지고 있다. 전통적인 주류임에 불구하고, 짐빔은 항상 새롭게 변화하는 사람들의 기호에 알맞게 변화하고 있다.

1873년, 돈 셰노비오 사우자가 설립한 이래로
3대에 걸쳐 내려오는 전통으로 만들어진 데킬라이며,
최초로 데킬라라는 이름을 창시한 브랜드이다.
수많은 대회에서 우승했을 뿐만아니라, 가장 빠르게
성장하고 있는 브랜드로 세계에서 데킬라 판매량
1~2위를 항상 유지하고 있다. 멕시코에서는 항상
판매 1위를 고수하고 있는 데킬라 브랜드이다.

Premium **TRES** Tequila

100% 블루아가베의 특별한 맛과 향을 선사한다.
100% 사우자에서 직접 재배한 '블루아가베'만을
원료로 사용하는 트레스 라인에는 세 번의 증류
과정을 통해 최상의 품질과 부드러움을 가진 플라타,
미국산 화이트 오크 통에서 8개월 간의 숙성을 통해
매콤달콤한 풍미와 페퍼 향의 여운을 담은 레포사도,
버번위스키 통에서 1년 이상의 숙성 과정을 통해
우아하고 옅은 금색을 띠는 아네호가 있다.

BOLS
AMSTERDAM 1575

1   2   3   4   5

1 볼스 아마레또
BOLS AMARETTO

잘 익은 살구씨를 추출하여 아몬드 향과
너트 카라멜 향을 지니고 있다. 클래식
칵테일과 모던 스타일 칵테일에 두루
사용되는 리큐어다.

2 볼스 아프리코트 브랜디
BOLS APRICOT BRANDY

여러 종류의 허브와 엄선된 꼬냑과의
조화로 살구의 맛과 향을 가장 절묘하게
조화시켰다. 아몬드 맛을 느끼게 하는 이
호박 빛의 리큐어는 가장 유명한 볼스의
리큐어 중 하나다.

3 볼스 바나나
BOLS BANANA

숙성된 바나나의 맛을 지닌 맑은 노란색의
리큐어로 부드러운 바닐라 맛에 숨겨진
아몬드 맛을 함께 느낄 수 있다. 볼스
아프리코트 브랜디로 유명한 볼스의
전문적인 기술로 만들어진다.

4 볼스 블루
BOLS BLUE

허브와 스위트 레드 오렌지(Sweet Red Orange,
단맛이 나는 붉은 오렌지)가 어우러진 덜 익은
키노우 오렌지(Kinnow Orange)와 오렌지 큐라소
(Curacao Orange)의 독특한 쓴맛이 잘 조화
되어 있다.

5 볼스 카카오 브라운
BOLS CACAO BROWN

잘 구워낸 카카오 원두로 만들어진
리큐어로 카카오 씨를 분쇄하여 여과시킨
후, 각기 다른 허브를 첨가해서 그 특이한
맛을 만들어낸다.

| 6 | 7 | 8 | 9 | 10 | 11 |

6 볼스 크림 드 카시스
BOLS CREME DE CASSIS

볼스 크림 드 카시스는 프랑스 버건디의 수도 디종 부근 지방에서 자란 블랙 커런트로 만들어진 리큐어다.

7 볼스 체리 브랜디
BOLS CHERRY BRANDY

잘 익은 암적색의 체리 주스로 만들어져 강한 맛이 살아 있다. 체리 씨도 같이 압착되기 때문에 풍부한 체리의 특성에 아몬드 맛이 조화롭게 더해진다. 엄선된 다양한 허브와 향신료들이 더해져서 환상적인 조화를 이룬다.

8 볼스 코코넛
BOLS COCONUT

모던하고 깨끗한 럼을 베이스로 적당한 당도의 코코넛을 첨가하여 어떤 칵테일의 베이스로도 훌륭한 맛을 낸다. 전 세계 유명 바텐더들이 가장 애용하는 럼 베이스 코코넛 리큐어이며, 피나 콜라다, 준벅, 코코바나나 등 현대적인 칵테일에 많이 쓰인다. 또한 롱 드링크로 파인애플 주스 또는 콜라와 이지 믹스로 즐겨도 훌륭한 칵테일이 된다.

9 볼스 커피
BOLS COFFEE

볼스 커피는 콜롬비아의 고급 원두를 여과하여 만들어진다.

10 볼스 엘더플라워
BOLS ELDERFLOWER

딱총나무 꽃 리큐어로서 '삼부카 니그라' 라고도 한다. 이른 여름 만개하는 꽃으로 주스를 내어 벌꿀 향과 꽃향기가 어우러져 있다. 볼스에서 처음 출시되는 엘더 플라워 리큐어는 창작 칵테일에 특히 많이 애용되고 있다.

11 볼스 커쉬
BOLS KIRSCH

세계적으로 유명한 스와즈왈더 커쉬로 만들어진 볼스 커쉬는 발효된 후, 바로 증류되어 알코올과 설탕이 첨가된다.

12   13   14   15   16   17

12 볼스 멜론
BOLS MELON

연녹색의 볼스 멜론은 깨끗한 맛을
유지하기 위해 차가운 상태로 제공되어야
한다. 프랑스산 허니 듀 멜론 과즙을
사용하여 풍부한 멜론 향과 맛을 느낄 수
있으며, 전 세계 톱 바텐더들의 주목을 받고
있는 멜론 리큐어다.

13 볼스 피치
BOLS PEACH

엄선된 스피릿과 함께 풍부함이 감도는
신선한 복숭아의 맛과 향을 지닌다. 최고급
복숭아를 추출하여 달콤한 맛과 향,
부드러운 질감과 풍부한 복숭아의 풍미를
가진 리큐어로서 볼스의 가장 인기 있는
제품이다.

14 볼스 페퍼민트 그린
BOLS PEPPERMINT GREEN

소화에 도움을 주는 특성을 갖고
있는 제품으로 영국, 미국, 모로코와
같은 나라에서 자란 다양한 민트
잎을 재증류시켜 얻은 오일 추출물이
투명하면서도 독특한 민트의 끝맛을
느끼게 한다.

15 볼스 사워 애플
BOLS SOUR APPLE

상큼하고 톡 쏘는 풍부한 녹색 사과 향이
지배적이다. 약간의 계피 향과 단 사과 향이
느껴지며, 전체적으로 단맛과 신맛의 발란스가
좋다.

16 볼스 슬로 진
BOLS SLOE GIN

자두 술, 즉 야생 자두Sole Berry를 원료로
하여 만든 진한 적색의 리큐어다. 볼스
리큐어 중 가장 오래된 제품 중 하나로
클래식 칵테일에 많이 사용된다.

17 볼스 트리플 섹
BOLS TRIPLE SEC

시트러스와 혼합된 수정처럼 맑은
리큐어의 주성분은 큐라소 섬에서
생산되는 독특한 맛과, 좋은 향을 지닌
오렌지다.

PART III.

Signature Drink

Macallan Highball

Method	**Build**
Glass	**Highball**
Garnish	**Lime Wedge**
Level	**1**
Place	**Hotel Lounge Bar**
When to Drink	**Cloudy / Hot**
Alcohol	**11**
Recipe	**Macallan Fineoak 12y 1 oz** **Tonic Water 3 oz**

1. 얼음이 든 하이볼 글라스에 Macallan Fineoak 12 년산을 넣어준다
2. 글라스를 토닉 워터를 채우고 가니쉬로 장식한다

Build

Highball

Macallan Sweet Panola

Method	**Build**
Glass	**Collins**
Garnish	**Lolly Pop**
Level	**1**
Place	**Lounge Bar**
When to Drink	**Sunny / Hot**
Alcohol	**12**
Recipe	Macallan 12y 1 oz
	Bols Cherry brandy 1/2 oz
	Ginger Ale 3 oz

1. 얼음이 든 콜린스 글라스에
   Macallan 12년산을
   넣어준다.
2. Cherry Brandy와 진저
   에일을 순서대로 넣고
   가니쉬로 장식한다.

Build

Collins

Macallan Sherry Mon

Method	Build
Glass	Highball
Garnish	Cinnamon Stick
Level	1
Place	Club
When to Drink	Dark / Cool
Alcohol	17
Recipe	Macallan 12y 1 oz
	Cinnamon Syrup 1/3 oz
	Ginger Ale $2^1/_2$ oz

1. 얼음이 든 하이볼 글라스에
   Macallan 12년산을
   넣어준다.
2. 글라스에 시나몬 시럽과
   진저 에일을 넣고 가니쉬로
   장식한다.

Build   Highball

Highland Highball

Method	Build
Glass	Highball
Garnish	Lime Wedge
Level	1
Place	Hotel Lounge Bar
When to Drink	Foggy / Cool
Alcohol	17
Recipe	Highland park 12y 1 oz
	Drambuie 1/2 oz
	Ginger ale 2 oz

1. 얼음이 든 하이볼 글라스에 Highland Park 12년산을 넣는다.
2. 글라스에 Drambuie와 진저 에일을 넣고 가니쉬로 장식한다.

Build

Highball

Highland Sour

Method	**Shake**
Glass	**On the Rock**
Garnish	**Cherry, Lemon Wedge**
Level	**3**
Place	**Malt Bar**
When to Drink	**Sunny / Hot**
Alcohol	**20**
Recipe	Highland Park 12y 2 oz
	Fresh Lemon Juice 1 oz
	Sugar Syrup 1/2 oz
	Aromatic Bitter 3 dash
	Egg White 1/2

1. 쉐이커에 Highland Park, 레몬 주스, 설탕 시럽, 계란 흰자를 넣는다.
2. 쉐이커에 얼음을 넣고 강하게 쉐이킹한 후 얼음이 든 온더락 글라스에 따른다.
3. 아로마틱 비터 3대쉬를 넣고 가니쉬로 장식한다.

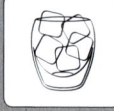

Shake   On The Rock

LAPHROAIG®

Laphroaig Cooler

Method	Build
Glass	Collins
Garnish	Lemon Wedge
Level	2
Place	Malt Bar
When to Drink	Rainy / Cool
Alcohol	11
Recipe	Laphroaig 10y 2 oz
	Lemon Juice 1 oz
	Sugar syrup 1/2 oz
	Soda water or Tonic

1. 하이볼 글라스에
   Laphroaig, 레몬 주스, 설탕
   시럽을 넣고 잘 섞어준다.
2. 글라스에 얼음을 채우고
   소다수 혹은 토닉 워터를
   채워주고 가니쉬로 장식한다.

Build   Highball

Cutty Honey Highball

Method	**Build**
Glass	**Highball**
Garnish	**Lemon Wedge**
Level	**2**
Place	**Club, Lounge**
When to Drink	**Sunny / Hot**
Alcohol	**10**
Recipe	**Cutty Sark 1 oz**
	Ginger Ale 3 oz
	Runny Honey

1. 얼음이 든 하이볼 글라스에 Cutty Sark을 넣어준다.
2. 글라스에 진저 에일로 채우고 가니쉬로 장식한다.
3. 소스 보트에 꿀과 물을 1:1 비율로 잘 저어서 같이 서브한다.

Build

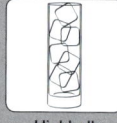
Highball

Pink Cutty

Method	**Build**
Glass	**Highball**
Garnish	**Lemon Wedge**
Level	**1**
Place	**Club, Lounge**
When to Drink	**Sunny / Cool**
Alcohol	**10**
Recipe	Cutty Sark 1 oz
	Pink Lemonade 3 oz

1. 얼음이 든 하이볼 글라스에
   Cutty Sark을 넣어준다.
2. 글라스에 핑크 레몬에이드를
   넣고 가니쉬로 장식한다.

Build

Highball

Perfect Manhattan

Method	Stir
Glass	Martini
Garnish	Orange Twist Cocktail Cherry
Level	2
Place	Hotel Lounge Bar
When to Drink	Sunny / Cool
Alcohol	23
Recipe	Jim Beam Black 2 oz Sweet Vermouth 1/4 Dry Vermouth 1/4 Aromatic Bitter 3 dash

1. 믹싱 글라스에 얼음을 채워서 미리 글라스를 차게 준비한다.
2. 녹은 얼음을 제거하고 다시 얼음으로 채워준다.
3. 믹싱 글라스에 모든 재료를 같이 넣고 저은 후, 칵테일 글라스에 스트레인 하여 용액을 따라주고 가니쉬로 장식한다.

Stir   Cocktail

Beams Mint Julep

Method	Muddle
Glass	On the Rock
Garnish	Mint leaves
Level	3
Place	Lounge Bar
When to Drink	Sunny / Hot
Alcohol	27
Recipe	Jim Beam 2 oz
	Sugar Syrup 3/4 oz
	Mint Leaves 10 ea
	Aromatic Bitter 3 dash

1. 온더락 글라스에 Jim Beam, 설탕 시럽, 민트 잎, 아로마틱 비터를 같이 넣어서 머들링한다.
2. 글라스에 부순 얼음을 채워준 후 가니쉬로 장식한다

Muddling

On The Rock

Canadian Club

WHISKY

Canadian Old Pal

Method	Stir
Glass	On the Rock
Garnish	Orange Slice
Level	2
Place	Hotel Lounge Bar
When to Drink	Sunny / Cool
Alcohol	22
Recipe	Canadian Club 12y 1$\frac{1}{2}$ oz Dry Vermouth 1$\frac{1}{2}$ oz Campari 1$\frac{1}{2}$ oz

1. 믹싱 글라스에 얼음을
   채워서 미리 글라스를 차게
   준비한다.
2. 녹은 얼음을 제거하고 다시
   얼음으로 채워준다.
3. 믹싱 글라스에 모든 재료를
   같이 넣고 저은 후, 얼음이 든
   온더락 글라스에 스트레인
   하여 용액을 따라주고
   가니쉬로 장식한다.

Stir

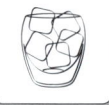

On The Rock

Canadian Old Fashioned

Method	**Stir**
Glass	**On the Rock**
Garnish	**Orange Twist**
Level	**2**
Place	**Lounge Bar**
When to Drink	**Rainy / Cold**
Alcohol	**32**
Recipe	Canadian Club 12y 2 oz
	Maple Syrup 1/2 oz
	Aromatic Bitter 3 dash

1. 믹싱 글라스에 얼음을 채워서 미리 글라스를 차게 준비한다.
2. 녹은 얼음을 제거하고 다시 얼음으로 채워준다.
3. 믹싱 글라스에 모든 재료를 같이 넣고 저은 후, 얼음이 든 온더락 글라스에 스트레인 하여 용액을 따라주고 가니쉬로 장식한다.

Stir

On The Rock

SNOW
LEOPARD
VODKA

Miaow Tonic

Method	Build
Glass	Highball
Garnish	Rosemary, Lemon Wheel
Level	1
Place	Home Party, Lounge
When to Drink	Sunny / Hot
Alcohol	10
Recipe	Snow Leopard 1 oz
	Tonic 3 oz

1. 얼음이 든 하이볼 글라스에
   Snow Leopard를
   넣어준다.
2. 글라스에 토닉 워터을 넣고
   가니쉬로 장식한다.

Build   Highball

SNOW LEOPARD
VODKA

Miao Tini

Method	Stir
Glass	Martini
Garnish	Rosemary
Level	2
Place	Lounge, Hotel
When to Drink	Snowy / Cold
Alcohol	30
Recipe	Snow Leopard 2 oz Dry Vermouth 1/4 oz

1. 믹싱 글라스에 얼음을
   채워서 미리 글라스를 차게
   준비한다.
2. 녹은 얼음을 제거하고 다시
   얼음으로 채워준다.
3. 믹싱 글라스에 모든 재료를
   같이 넣고 스터 한 후, 칵테일
   글라스에 스트레인 하여
   용액을 따라주고 가니쉬로
   장식한다.

Stir

Cocktail

SNOW
LEOPARD
VODKA

Pink Panther

Method	**Build**
Glass	**Collins**
Garnish	**Grapefruit Slice**
Level	**2**
Place	**Lounge**
When to Drink	**Sunny / Cool**
Alcohol	**14**
Recipe	Snow Leopard 1$\frac{1}{2}$ oz
	Rose Lemonade 1 oz
	Pink Lemonade 2$\frac{1}{2}$ oz
	Grape Fruit syrup 1/4 oz
	Aromatic Bitter 1 dash

1. 얼음이 든 콜린스 글라스에 Snow Leopard를 넣어준다
2. 글라스에 로즈 레몬에이드와 핑크 레몬에이드를 넣어준다.
3. 자몽 시럽과 아로마틱 비터를 넣어준 후 가니쉬로 장식한다.

Build

Collins

SNOW LEOPARD
VODKA

Silent Roar

Method	Build
Glass	Collins
Garnish	Lemon Wedge
Level	2
Place	Restaurant, Lounge
When to Drink	Snowy / Cold
Alcohol	11
Recipe	Snow Leopard 1 oz
	Galliano 1/3 oz
	Ginger Ale 3$\frac{1}{2}$ oz
	Aromatic Bitter 1 dash

1. 얼음이 든 콜린스 글라스에 Snow Leopard를 넣어준다.
2. 글라스에 Galliano, 진저 에일을 넣어준다.
3. 아로마틱 비터를 넣고 가니쉬로 장식한다.

Build

Collins

SNOW
LEOPARD
VODKA

Himalaya Blues

Method	Build
Glass	Collins
Garnish	Mini Rose, Lemon Wedge
Level	2
Place	Lounge, Club
When to Drink	Rainy / Hot
Alcohol	11
Recipe	Snow Leopard 1 oz Bols Blue 1/2 oz Sprite 3 oz

1. 얼음이 든 콜린스 글라스에 Snow Leopard를 넣어준다.
2. 글라스에 Bols Blue와 스프라이트를 넣고 가니쉬로 장식한다.

Build

Collins

SNOW
LEOPARD
VODKA

Minxie

Method	**Shake, Muddle**
Glass	**Cocktail Glass**
Garnish	**Cucumber**
Level	**3**
Place	**Lounge**
When to Drink	**Sunny / Hot**
Alcohol	**23**
Recipe	Snow Leopard 2 oz
	Bols Elderflower 3/4 oz
	Cucumber
	Ginger Ale
	Sugar Syrup 1/4 oz

1. 쉐이커에 Snow Leopard,
   Bols Elderflower, 생강,
   오이를 넣는다.
2. 모든 재료를 머들링한 후
   쉐이커에 얼음을 넣어서
   쉐이킹 한다.
3. 용액을 파인 스트레인하여
   차가운 칵테일 글라스에 넣고
   가니쉬로 장식한다.

Shake   Muddling   Cocktail

SNOW
LEOPARD
VODKA

Crazy 88

Method	Shake, Muddle
Glass	Cocktail
Garnish	Cucumber
Level	2
Place	Lounge
When to Drink	Sunny / Hot
Alcohol	22
Recipe	Snow Leopard 2 oz
	Cucumber
	Sugar Syrup 1/2 oz
	Cranberry Juice 1 oz

1. 쉐이커에 Snow Leopard, 오이, 설탕 시럽을 넣고 머들링한다.
2. 쉐이커에 크랜베리 주스를 넣고 얼음으로 채운 후 쉐이킹한다.
3. 차가운 칵테일 글라스에 용액을 파인 스트레인 하여 넣어주고 가니쉬로 장식한다.

Shake

Cocktail

SNOW LEOPARD
VODKA

Bagheera

Method	**Muddle**
Glass	**Collins**
Garnish	**Basil, Lemon**
Level	**3**
Place	**Restaurant, Lounge**
When to Drink	**Sunny / Cool**
Alcohol	**16**
Recipe	Snow Leopard 1$\frac{1}{2}$ oz
	Vanilla Syrup 1/2 oz
	Galliano 1 oz
	Ginger Slice 3 ea
	Basil Leaves 6 ea
	Lemon Slice 3 ea
	Ginger Ale

1. 콜린스 글라스에 Snow Leopard, Galliano, 생강, 바질, 바닐라 시럽, 레몬 슬라이스를 넣고 머들링한다.
2. 글라스를 부순 얼음으로 채우고 진저 에일을 넣고 가니쉬로 장식한다.

Muddling   Collins

SKYY Blue

Method	**Build**
Glass	**Highball**
Garnish	**Lemon Wheel**
Level	**2**
Place	**Home Party, Lounge**
When to Drink	**Sunny / Hot**
Alcohol	**10**
Recipe	SKYY 1 oz
	Bols Blue 1/2 oz
	Lemon Juice 1/2 oz
	Sprite 3 oz

1. 얼음이 든 하이볼 글라스에 SKYY를 넣어준다.
2. 글라스에 Bols Blue와 스프라이트를 넣어주고 가니쉬로 장식한다.

Build

Margarita

SKYY Cassis

Method	Shake
Glass	Cocktail
Garnish	Orange Peel
Level	2
Place	Lounge
When to Drink	Sunny / Cool
Alcohol	17
Recipe	SKYY 1$\frac{1}{2}$ oz Cranberry Juice 2 oz Crème de cassis 1/2 oz

1. 쉐이커에 SKYY, Bols Crème de Cassis, 크랜베리를 넣어준다.
2. 얼음을 넣고 쉐이킹 한 후 차가운 칵테일 글라스에 스트레인하여 용액을 넣어주고 가니쉬로 장식한다.

Shake

Cocktail

SKYY Appletini

Method	Shake
Glass	Cocktail
Garnish	Green Apple, Mint
Level	2
Place	Lounge
When to Drink	Sunny / Cool
Alcohol	20
Recipe	SKYY 2 oz
	Bols Apple 1 oz
	Apple Juice 1/2 oz
	Splash of Lime Soda

1. 쉐이커에 SKYY, Bols Sour Apple, 사과 주스를 넣어준다.
2. 얼음을 넣고 쉐이킹 한 후 차가운 칵테일 글라스에 스트레인하여 용액을 넣어준다.
3. 글라스에 소다수 혹은 토닉 워터를 넣어주고 가니쉬로 장식한다.

Shake

Cocktail

SKYY Cucumber Mint

Method	Muddle, Shake
Glass	Cocktail
Garnish	Cucumber Slice
Level	3
Place	Lounge, Hotel Bar
When to Drink	Sunny / Hot
Alcohol	17
Recipe	SKYY 2 oz
	Apple Juice 1 oz
	Sugar Syrup 1/4 oz
	Mint Leaves 7 ea
	Cucumber

1. 쉐이커에 SKYY, 사과 주스,
   설탕 시럽, 오이를 넣고
   머들링한다.
2. 쉐이커에 민트 잎과 얼음을
   넣고 쉐이킹한다.
3. 차가운 칵테일 글라스에
   파인 스트레인하여 용액을
   넣어주고 가니쉬로 장식한다.

Muddling　　Shake　　Cocktail

Sex in the SKYY

Method	**Shake**
Glass	**Highball**
Garnish	**Orange Wheel**
Level	**3**
Place	**Lounge**
When to Drink	**Cloudy / Cool**
Alcohol	**8**
Recipe	**SKYY 1 oz**
	Bols Peach 1/2 oz
	Lemon Juice 1/2 oz
	Grenadine 1/2 oz
	Cranberry Juice 2 oz
	Orange Juice 1 oz

1. 쉐이커에 SKYY, Bols Peach, 레몬 주스, 그레나딘 시럽, 크랜베리 주스, 오렌지 주스를 넣어준다.
2. 얼음을 넣고 쉐이킹하여 얼음이 든 하이볼 글라스에 스트레인하여 용액을 넣는다.
3. 가니쉬로 장식한다.

Shake   Highball

SKYY Woo

Method	**Build**
Glass	**Highball**
Garnish	**Lemon Slice**
Level	**1**
Place	**Lounge / Club**
When to Drink	**Cloudy / Hot**
Alcohol	**11**
Recipe	SKYY 1 oz Bols Peach 1/2 oz Cranberry Juice 3 oz

1. 얼음이 든 하이볼 글라스에 SKYY 를 넣어준다.
2. 글라스에 Bols Peach 와 크랜베리 주스를 넣고 가니쉬로 장식한다.

Build

Highball

SKYY-Politan

Method	Shake
Glass	Cocktail
Garnish	Orange Peel
Level	2
Place	Lounge
When to Drink	Sunny / Hot
Alcohol	13
Recipe	SKYY 1 oz
	Bols Triple Sec 1/2 oz
	Cranberry Juice 1$\frac{1}{2}$ oz
	Lime Juice 1/2 oz

1. 쉐이커에 SKYY, Bols Triple Sec, 크랜베리 주스, 라임 주스를 넣어준다.
2. 얼음을 넣고 쉐이킹한 후 차가운 칵테일 글라스에 스트레인하여 용액을 넣어준다.
3. 가니쉬로 장식한다.

Shake

Cocktail

SKYY VODKA

SKYY Raspberry Melon

Method	**Build**
Glass	**Highball**
Garnish	**Cranberries**
Level	**1**
Place	**Restaurant, Lounge**
When to Drink	**Sunny / Hot**
Alcohol	**14**
Recipe	SKYY Raspberry $1\frac{1}{2}$ oz Bols Melon 3/4 oz Cranberry Juice 3 oz

1. 얼음이 든 하이볼 글라스에
   SKYY Raspberry를
   넣어준다.
2. 글라스에 Bols Melon과
   크랜베리 주스를 넣어준 후
   가니쉬로 장식한다.

Build   Highball

71

Simply Raspberry

Method	**Build**
Glass	**Collins**
Garnish	**Lemon Wedge**
Level	**1**
Place	**Lounge**
When to Drink	**Sunny / Hot**
Alcohol	**7**
Recipe	SKYY Raspberry 1 oz Tonic 3 oz Cranberry Juice 1 oz

1. 얼음이 든 콜린스 글라스에 SKYY Raspberry를 넣어준다.
2. 글라스에 토닉 워터와 크랜베리 주스를 넣고 가니쉬로 장식한다.

Build　　Collins

SKYY Passion Play

Method	**Build**
Glass	**Highball**
Garnish	**Orange Slice**
Level	**1**
Place	**Lounge**
When to Drink	**Sunny / Hot**
Alcohol	**7**
Recipe	SKYY Passion Fruit 1 oz
	Orange Juice 1 oz
	Sprite 3 oz

1. 얼음이 든 하이볼 글라스에 SKYY Passion Fruit를 넣는다.
2. 글라스에 스프라이트와 오렌지 주스를 순서대로 넣고 가니쉬로 장식한다.

Build

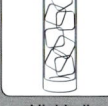

Highball

SKYY Citrus Collins

Method	**Build, Muddle**
Glass	**Collins**
Garnish	**Lemon Wedge**
Level	**2**
Place	**Lounge**
When to Drink	**Sunny / Hot**
Alcohol	**8**
Recipe	SKYY Citrus 1$\frac{1}{2}$ oz Lemon Slices 3 ea Sugar Syrup 1/2 oz Sprite

1. 콜린스 글라스에 SKYY Citrus, 설탕 시럽, 레몬을 넣고 머들링한다.
2. 글라스에 소다수 혹은 스프라이트를 넣고 가니쉬로 장식한다.

Muddling

Build

Collins

74

SKYY Citrus Mule

Method	**Build**
Glass	**Mug / On the Rock**
Garnish	**Lime Wheel**
Level	**1**
Place	**Lounge / Home Party**
When to Drink	**Snowy / Cool**
Alcohol	**8**
Recipe	SKYY Citrus 1 oz
	Ginger Ale 3 oz
	Lime Juice 1/2 oz

1. 얼음이 든 머그잔 혹은 온더락 글라스에 SKYY Citrus를 넣는다.
2. 글라스에 진저 에일과 라임 주스를 넣고 가니쉬로 장식한다.

Build   On The Rock

SKYY Pineapple Mule

Method	**Build**
Glass	**Highball**
Garnish	**Pineapple Piece**
Level	**1**
Place	**Lounge**
When to Drink	**Sunny / Cool**
Alcohol	**10**
Recipe	SKYY Pineapple 1 oz
	Bols Amaretto 1/2 oz
	Ginger Ale 3 oz

1. 얼음이 든 글라스에 SKYY Pineapple을 넣는다.
2. 글라스에 Bols Amaretto 와 진저 에일을 넣고 가니쉬로 장식한다.

Build

Highball

SKYY Coconut Fizz

Method	**Build**
Glass	**Collins**
Garnish	**Pineapple Wedge, Cherry**
Level	**1**
Place	**Lounge**
When to Drink	**Sunny / Hot**
Alcohol	**11**
Recipe	SKYY Coconut 1 oz SKYY Pineapple 1/2 oz Sprite $3\frac{1}{2}$ oz

1. 얼음이 든 콜린스 글라스에 SKYY Coconut과 SKYY Pineapple을 넣어준다.
2. 글라스에 스프라이트를 넣고 가니쉬로 장식한다.

Build

Collins

SKYY Moscato Fizz

Method	Build
Glass	Highball
Garnish	Lemon Wedge
Level	1
Place	Lounge
When to Drink	Sunny / Hot
Alcohol	12
Recipe	SKYY Moscato 1$\frac{1}{2}$ oz Bols Sour Apple 1/2 oz Sprite 3 oz

1. 얼음이 든 하이볼 글라스에 SKYY Moscato를 넣는다.
2. 글라스에 Bols Sour Apple과 스프라이트를 넣고 가니쉬로 장식한다.

Build

Collins

SKYY Moscato Crush

Method	Muddle
Glass	Collins
Garnish	Grapes, Lime
Level	3
Place	Lounge
When to Drink	Sunny / Hot
Alcohol	12
Recipe	SKYY Moscato $1\frac{1}{2}$ oz Lime juice 1/2 oz Seedless white Grapes 3 ea Sugar 2 tsp Bols Sour Apple 1/2 oz Sprite 2 oz

1. 콜린스 글라스에 SKYY Mos-cato, Bols Sour Apple, 라임 주스, 청포도, 설탕을 넣고 머들링 한다.
2. 글라스에 부순 얼음을 넣고 스프라이트를 넣어준 후 가니쉬로 장식한다.

Muddling

Collins

SKYY Peach Palmer

Method	**Build**
Glass	**Highball**
Garnish	**Lemon**
Level	**1**
Place	**Lounge**
When to Drink	**Sunny / Hot**
Alcohol	**10**
Recipe	SKYY Georgia Peach 1$\frac{1}{2}$ oz
	Sprite 3 oz
	Iced Tea 1 oz

1. 얼음이 든 하이볼 글라스에 SKYY Georgia Peach를 넣어준다.
2. 글라스에 스프라이트와 아이스티를 순서대로 넣고 가니쉬로 장식한다.

Build

Highball

REFRESHINGLY DRY RUM

Brugal Dry Blush

Method	**Build**
Glass	**Highball**
Garnish	**Lemon Wedge**
Level	**1**
Place	**Lounge / Club / Home**
When to Drink	**Sunny / Hot**
Alcohol	**15**
Recipe	Brugal Extra dry $1^1/_2$ oz Sprite 2 oz Splash of Cranberry Juice 1 oz

1. 얼음이 든 하이볼 글라스에 Brugal Extra Dry를 넣어준다.
2. 글라스에 스프라이트와 크랜베리 주스를 넣어준 후 레몬 조각을 살짝 짜서 장식한다.

Build

Highball

REFRESHINGLY DRY RUM

Brugal Dry Tonic

Method	Build
Glass	Highball
Garnish	Lemon Wedge
Level	1
Place	Lounge / Home Party
When to Drink	Sunny / Hot
Alcohol	10
Recipe	Brugal Extra Dry 1 oz Tonic 3 oz

1. 얼음이 든 하이볼 글라스에 Brugal Extra Dry를 넣어준다.
2. 글라스에 토닉 워터를 넣어주고 가니쉬로 장식한다.

Build   Highball

REFRESHINGLY DRY RUM

Brugal Dry President

Method	Stir
Glass	Cocktail
Garnish	Lemon Twist
Level	2
Place	Lounge
When to Drink	Sunny / Cool
Alcohol	25
Recipe	Brugal Extra Dry $1^1/_2$ oz
	Bols Triple Sec 3/4 oz
	Dry Vermouth 3/4 oz
	Orange bitter 1 dash

1. 믹싱 글라스에 얼음을 채워서 미리 글라스를 차게 준비한다.
2. 녹은 얼음을 제거하고 다시 얼음으로 채워준다.
3. 믹싱 글라스에 Brugal Extra Dry, Bols Triple Sec, Dry Vermouth를 넣고 젓는다.
4. 글라스에 스트레인하여 용액을 넣어주고 오렌지 비터를 넣어준다. 가니쉬로 장식한다.

Stir

Cocktail

REFRESHINGLY DRY RUM

Brugal Daiquiri

Method	Shake
Glass	Cocktail
Garnish	Lime Wheel
Level	2
Place	Lounge
When to Drink	Sunny / Hot
Alcohol	22
Recipe	Brugal Extra Dry 2 oz
	Lime Juice 1 oz
	Sugar Syryup 1/4 oz

1. 쉐이커에 Brugal Extra Dry, 라임 주스, 설탕 시럽을 넣어준 후 얼음을 채워 쉐이킹해준다.
2. 차가운 칵테일 글라스에 스트레인하여 용액을 따라준 후 가니쉬로 장식한다.

Shake

Cocktail

REFRESHINGLY DRY RUM

Brugal June Bug

Method	Shake
Glass	Hurricane
Garnish	Pineapple piece
Level	3
Place	Lounge
When to Drink	Sunny / Cold
Alcohol	10
Recipe	Brugal 1 oz
	Bols Coconut 1/2 oz
	Bols Melon 1 oz
	Bols Banane 1 oz
	Pineapple Juice 4 oz
	Lime Juice 1 oz

1. 쉐이커에 Brugal Extra Dry, Bols Coconut, Bols Melon, Bols Banane, 파인애플 주스, 라임 주스를 넣고 얼음과 함께 쉐이킹해준다.
2. 얼음이 든 허리케인 글라스에 스트레인 하여 용액을 따라준 후 가니쉬로 장식한다.

Shake

REFRESHINGLY DRY RUM

Brugal Dry Negroni

Method	Stir
Glass	On the Rock
Garnish	Orange Zest
Level	2
Place	Lounge / Hotel
When to Drink	Rainy / Cold
Alcohol	28
Recipe	Brugal Extra Dry 1 oz
	Sweet Vermouth 1 oz
	Campari 1 oz

1. 믹싱 글라스에 얼음을
   채워서 미리 글라스를 차게
   준비한다.
2. 녹은 얼음을 제거하고 다시
   얼음으로 채워준다.
3. 믹싱 글라스에 모든 재료를
   같이 넣고 스터 한 후, 얼음이
   든 온더락 글라스에 스트레인
   하여 용액을 따라주고
   가니쉬로 장식한다.

Stir

On The Rock

86

Brugal Punch

Method	Shake
Glass	Collins
Garnish	Lemon Wedge
Level	3
Place	Lounge
When to Drink	Sunny / Hot
Alcohol	15
Recipe	Brugal Anejo 2 oz
	Sugar Syrup 1/2 oz
	Lime Juice 1 oz
	Tonic
	Aromatic Bitter 3 dash

1. 쉐이커에 Brugal Anejo, 설탕 시럽, 라임 주스를 넣고 얼음을 채워 쉐이킹한다.
2. 얼음이 든 콜린스 글라스에 스트레인 하여 용액을 따라주고 토닉 워터와 아로마틱 비터를 넣어준다.
3. 가니쉬로 장식한다.

Shake   Collins

REFRESHINGLY DRY RUM

Brugal Maitai

Method	Shake
Glass	On the Rock
Garnish	Mint
Level	3
Place	Lounge
When to Drink	Sunny / Cool
Alcohol	25
Recipe	Brugal Anejo 2 oz
	Triple Sec 1/2 oz
	Lime Juice 1/2 oz
	Bols Amaretto 1/2 oz
	Sugar Syrup 1/4 oz

1. 쉐이커에 Brugal Anejo, Bols Triple Sec, Bols Amaretto, 설탕 시럽, 라임 주스를 넣고 얼음과 함께 쉐이킹 한다.
2. 얼음이 든 온더락 글라스에 스트레인하여 용액을 따라준다.
3. 가니쉬로 장식한다.

Shake

Collins

REFRESHINGLY DRY RUM

Brugal Dry Mojito

Method	Muddle, build
Glass	Highball
Garnish	Lime, Mint
Level	3
Place	Lounge / Hotel
When to Drink	Sunny / Hot
Alcohol	15
Recipe	Brugal Extra Dry $1^1/_2$ oz Fresh Mint Leaves 12ea Quarter Lime Wedge 2ea Sugar 1tsp Soda water or Tonic

1. 하이볼 글라스에 Brugal Extra Dry, 라임, 민트 잎, 설탕 시럽을 넣고 머들링한다.
2. 글라스에 부순 얼음을 채워주고 토닉 워터 혹은 소다수를 넣어준다.
3. 가니쉬로 장식한다.

Muddling   Build   Highball

REFRESHINGLY DRY RUM

Golden Mojito

Method	Muddle
Glass	Highball
Garnish	Lime, Mint
Level	3
Place	Lounge
When to Drink	Sunny / Hot
Alcohol	10
Recipe	Brugal Anejo 1¹/₂ oz

Recipe   Brugal Anejo $1^1/_2$ oz
Sugar Syrup 1/2 oz
Quarter Lime Wedge 2 ea
Mint leaves 7 ea
Ginger Ale

1. 하이볼 글라스에 Brugal
   Anejo, 라임, 설탕 시럽을
   넣고 머들링한다.
2. 글라스에 부순 얼음을
   넣어주고 진저 에일로
   채운다.
3. 가니쉬로 장식한다.

Muddling

Highball

REFRESHINGLY DRY RUM

Lemonata

Method	**Muddle**
Glass	**On the Rock**
Garnish	**Mint**
Level	**2**
Place	**Lounge / Home Party**
When to Drink	**Sunny / Cool**
Alcohol	**15**
Recipe	Brugal Anejo 2 oz
	Lemon Juice 1 oz
	Sugar Syrup 1/2 oz
	Mint leaves
	Sprite

1. 온더락 글라스에 Brugal Anejo, 레몬 주스, 민트 잎, 설탕 시럽을 넣고 머들링한다.
2. 글라스에 부순 얼음과 스프라이트를 넣어주고 가니쉬로 장식한다.

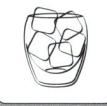

Muddling   On The Rock

REFRESHINGLY DRY RUM

Santo Libre

Method	Build
Glass	Highball
Garnish	Lime Wedge
Level	1
Place	Lounge
When to Drink	Sunny / Hot
Alcohol	10
Recipe	Brugal Anejo 1 oz Fresh Lime or Lemon–Juice 1/2 oz Sprite Top up

1. 얼음이 든 하이볼 글라스에 Brugal Anejo를 넣어준다.
2. 글라스에 레몬 혹은 라임 주스, 스프라이트를 넣고 가니쉬로 장식한다.

Build

Highball

Sauza Sin

Method	Build
Glass	Shot
Garnish	Orange with Cinnamon, Sugar
Level	1
Place	Club / Home
When to Drink	Sunny / Hot
Alcohol	40
Recipe	Sauza Gold 1 oz Orange Quarter Slice

1. 차가운 샷 글라스에 Sauza Gold를 넣어준다.
2. 계핏가루와 흑설탕을 묻힌 오렌지 조각을 샷 글라스에 올려준다.

Build

Sauza Slamer

Method	Build
Glass	Slammer
Garnish	Serv with Tissue
Level	1
Place	Club / Home
When to Drink	Sunny / Hot
Alcohol	20
Recipe	Sauza Gold 1 oz
	Tonic 1 oz

1. 차가운 슬레머 글라스에 Sauza Gold와 토닉 워터를 넣어준다.
2. 마시기 전에 글라스를 휴지로 덮고 테이블에 쳐서 마신다.

Build

Sauza Chocolate Cream

Method	Blend
Glass	Coupette
Garnish	Cocoa Powder
Level	2
Place	Lounge / Home Party
When to Drink	Sunny / Cool
Alcohol	13
Recipe	Sauza Gold 1 oz Vanilla Ice Cream 1 scoop Bols Cacao Brown 1/2 oz

1. 블랜더에 Sauza Gold,
   Bols Cacao Brown,
   바닐라 아이스 크림을 넣어서
   블랜딩해준다.
2. 쿠페 글라스에 용액을
   넣어준 후 코코아 파우더로
   장식한다

Blend

Margarita

Sauza Peach Margarita

Method	**Blend**
Glass	**Coupette**
Garnish	**Sugar rim**
Level	**3**
Place	**Lounge**
When to Drink	**Sunny / Hot**
Alcohol	**12**
Recipe	Sauza Gold $1^1/_2$ oz Peach water 1/2 oz Peach 2pieces Triple Sec 1/2 oz Lime Juice 1/2 oz Crushed Ice Cocktail

1. 블랜더에 Sauza Gold,
   Bols Triple Sec, 라임 주스,
   황도 복숭아 주스, 황도
   복숭아를 넣어준다.
2. 얼음 $1^1/_2$ 스쿱을 같이 넣어서
   블랜딩한다.
3. 설탕으로 림 장식을 한 쿠페
   글라스에 용액을 따라준다

Blend   Margarita

Sauza Frozen Margarita

Method	Blend
Glass	Coupette
Garnish	Salt Rim
Level	3
Place	Lounge/ Home Party
When to Drink	Sunny / Hot
Alcohol	12
Recipe	Sauza Gold 1 oz
	Bols Triple Sec 1 oz
	Sweet Sour Mix 2 oz
	Sugar Syrup 1 oz

1. 블랜더에 Sauza Gold,
   Bols Triple Sec, 스위트
   사워 믹스, 설탕 시럽을
   넣어준다.
2. 얼음 1½ 스쿱을 넣어준 후
   블랜딩한다.
3. 소금 림을 장식한 쿠페
   글라스에 용액을 따라준다

Blend   Margarita

Sauza Sunrise

Method	Build
Glass	Highball
Garnish	Orange
Level	1
Place	Lounge
When to Drink	Sunny / Hot
Alcohol	9
Recipe	Sauza 1 oz
	Orange Juice 3 oz
	Grenadine 1/4 oz

1. 얼음이 든 하이볼 글라스에 Sauza Gold를 넣어준다.
2. 글라스에 오렌지 주스를 넣어주고 그레나딘 시럽을 천천히 조심스럽게 넣어준다.
3. 가니쉬로 장식한다.

Build   Highball

Tres Cooler

Method	Shake
Glass	Collins
Garnish	Mint leaves
Level	3
Place	Hotel Lounge Bar
When to Drink	Sunny / Cool
Alcohol	10
Recipe	Tres Reposado 1 oz
	Lime Juice 1/2 oz
	Agave Syrup 1/4 oz
	Mint Leaves 6~8 ea
	Tonic 2 oz

1. 쉐이커에 Tres Reposado, 라임 주스, 민트 잎을 넣고 얼음과 함께 쉐이킹 한다.
2. 얼음과 아가베 시럽이 들어간 콜린스 글라스에 파인 스트레인 하여 용액을 넣어준다.
3. 가니쉬로 장식한다.

Shake

Collins

Ultimate VIP

Method	Build
Glass	Highball
Garnish	Lime
Level	1
Place	Hotel Lounge Bar
When to Drink	Sunny / Cool
Alcohol	10
Recipe	Tres Reposado $1\frac{1}{2}$ oz Tonic Water 4 oz Grape Fruit Juice 1/2 oz

1. 얼음이 들어간 하이볼 글라스에 Tres Reposado 를 넣어준다.
2. 글라스에 토닉 워터와 자몽 주스를 넣어주고 가니쉬로 장식한다.

Build　　Highball

Tres Guava Sling

Method	Shake
Glass	Highball
Garnish	Lime Wedge
Level	3
Place	Lounge Bar
When to Drink	Sunny / Hot
Alcohol	7
Recipe	Tres Reposado1 oz
	Guava Juice 2 oz
	Sprite 2 oz
	Lime Juice 1/4 oz
	Grenadine 1/4 oz

1. 쉐이커에 Tres Reposado,
   구아바 주스, 라임 주스,
   그레나딘 시럽을 넣고 얼음과
   함께 쉐이킹한다.
2. 얼음이 든 하이볼 글라스에
   스트레인 하여 용액을
   넣어주고 스프라이트를
   넣어준다.
3. 가니쉬로 장식한다.

Shake   Highball

Ultimate Margarita

Method	Shake
Glass	Coupette
Garnish	Lime Wedge
Level	2
Place	Hotel Lounge Bar
When to Drink	Sunny / Hot
Alcohol	22
Recipe	Tres Plata 1½ oz
	Bols Triple Sec 1½ oz
	Lime Juice 1 oz

1. 쉐이커에 Tres Plata, Bols Triple Sec, 라임 주스를 넣어주고 얼음과 함께 쉐이킹한다.
2. 설탕으로 림을 장식한 쿠페 글라스에 스트레인하여 용액을 넣어준 후 가니쉬로 장식한다.

Shake

Margarita

Tres Anejo Macho

Method	Build
Glass	On the Rock
Garnish	Spicy Chilli
Level	1
Place	Lounge / Home Party
When to Drink	Rainy / Cold
Alcohol	30
Recipe	Tres Anejo 3 oz Lemon Juice 1/2 oz Spicy Chilli

1. 온더락 글라스에 얼음을
   채운다.
2. 글라스에 Tres Anejo와
   레몬 주스를 넣어 충분히
   저은 후 매운 고추로
   장식한다.

Build

On The Rock

CAMPARI

Campari Orange

Method	Build
Glass	Highball
Garnish	Orange Slice
Level	1
Place	Hotel Lounge Home Party
When to Drink	Sunny / Cool
Alcohol	6.25
Recipe	Campari 1 oz Orange Juice 3 oz

1. 얼음이 든 하이볼 글라스에
   Campari를 넣는다.
2. 글라스에 오렌지 주스를
   넣어주고 가니쉬로 장식한다.

Build

Highball

CAMPARI

Spumoni

Method	Build
Glass	On the Rock
Garnish	Grapefruit Segment
Level	1
Place	Hotel / Lounge Bar
When to Drink	Sunny / Cool
Alcohol	8.3
Recipe	Campari $1^1/_2$ oz Grapefruit Juice $1^1/_2$ oz Soda Water or Tonic $1^1/_2$ oz

1. 얼음이 든 온더락 글라스에 Campari를 넣어준다.
2. 글라스에 자몽 주스와 소다수 혹은 토닉 워터를 채워준 후 가니쉬로 장식한다.

Build

On The Rock

CAMPARI®

Campari Americano

Method	Build
Glass	Colliins
Garnish	Orange Slice
Level	2
Place	Hotel / Lounge Bar
When to Drink	Sunny / Cool
Alcohol	15
Recipe	Campari 2 oz Sweet Vermouth 2 oz Soda water or Tonic

1. 얼음이 든 콜린스 글라스에
   Campari를 넣어준다.
2. 글라스에 스위트 베르머스와
   소다수 혹은 토닉 워터를
   넣어준다.
3. 가니쉬로 장식한다.

Build

Collins

106

Snow Campari

Method	**Shake**
Glass	**Cocktail**
Garnish	**Orange Peel**
Level	**1**
Place	**Hotel / Lounge Bar**
When to Drink	**Rainy / Cool**
Alcohol	**34**
Recipe	Campari 3/4 oz
	Snow Leopard Vodka 1$\frac{1}{4}$ oz

1. 쉐이커에 Campari와 Snow Leopard를 넣어주고 얼음과 함께 쉐이킹한다.
2. 차가운 칵테일 글라스에 스트레인하여 용액을 넣어준다.
3. 가니쉬로 장식한다.

Shake

Cocktail

Campari Mojito

Method	Muddle
Glass	Colliins
Garnish	Mint, Lime
Level	3
Place	Lounge Bar
When to Drink	Sunny / Hot
Alcohol	6
Recipe	Campari $1\frac{1}{2}$ oz
	Lime Juice 1/2 oz
	Sugar 2 tsp
	Mint Leaves 7 ea
	Tonic

1. 콜린스 글라스에 Campari, 라임 주스, 설탕, 민트 잎을 넣어주고 머들링한다.
2. 부순 얼음으로 글라스를 채우고 토닉 워터를 채워준다.
3. 가니쉬로 장식한다.

Muddling

Collins

VACCARI

Sambuca Flambe

Method	Brandy Snifter
Glass	Flambe
Garnish	-
Level	1
Place	Lounge / Restaurant
When to Drink	Rainy / Cold
Alcohol	38
Recipe	Vaccari 2 oz
	Coffe Beans 3 ea

1. 따뜻한 블랜디 스니프터에
   Vaccari를 넣어준다.
2. 3개의 커피빈을 잔 위에 띄운
   후 불을 붙인다.
3. 약 30초 정도 지나면 불을
   끄고 마신다.

Galliano Snoopy

Method	Shake
Glass	On the Rock
Garnish	Orange Slice
Level	2
Place	Lounge
When to Drink	Rainy / Cold
Alcohol	25
Recipe	Galliano 1 oz Jim Beam 1 oz Campari 1/2 oz Bols Triple Sec 1/2 oz Lemon Juice 1/4 oz

1. 쉐이커에 Galliano, Jim Beam, Campari, Bols Triple Sec, 레몬 주스를 넣고 얼음과 함께 쉐이킹 한다.
2. 얼음이 든 온더락 글라스에 파인 스트레인하여 용액을 넣어주고 가니쉬로 장식한다.

Shake

On The Rock

Harvey Wallbanger

Method	Shake
Glass	Collins
Garnish	Orange Slice
Level	2
Place	Lounge
When to Drink	Sunny / Cold
Alcohol	13.5
Recipe	SKYY Vodka 1 oz
	Orange Juice 3 oz
	Galliano 1/2 oz

1. 쉐이커에 SKYY와 오렌지 주스를 넣고 얼음과 함께 쉐이킹한다.
2. 얼음이 든 콜린스 글라스에 스트레인하여 용액을 넣고 오렌지 주스로 채워준다.
3. 가니쉬로 장식한다.

Shake   Highball

Beam on Fire

Method	Build
Glass	Highball
Garnish	Lemon Wedge
Level	1
Place	Club
When to Drink	Rainy / Hot
Alcohol	8.75
Recipe	Jim Beam Fire 1 oz Ginger Ale 3 oz

1. 얼음이 든 하이볼 글라스에 Jim Beam Fire를 넣는다.
2. 글라스에 진저 에일을 넣은 후 가니쉬로 장식한다.

Build

Highball

PART IV.

Cocktail Bar

G r a n A Ⅱ

_ 칵테일 Supia는 숲의 요정인 Supia의 이름을 따서 만들어진 칵테일
   이다.
_ 역삼동 노보텔 호텔 지하에 위치한 바로서 최근 새롭게 리모델링했다.
_ 평일에도 라이브음악을 즐길 수 있다.

Area 역삼

Channel Hotel

Bartender 박병희 바텐더

Cocktail Supia
수피아

Recipe Snow Leopard $1\frac{1}{2}$ oz
Orange Liqueur 1 dash
Dry Vermouth 1/3 oz
Lemon Juice 1/3 oz
Mint Syrup 1/3 oz

1. 쉐이커에 Snow Leopard,
   오렌지 리큐어, 드라이
   베르무스, 레몬 주스, 민트
   시럽을 넣는다.
2. 쉐이커에 얼음을 채워 쉐이킹
   한 후 준비된 잔에 스트레인
   하여 용액을 넣는다.
3. 가니쉬로 장식한다.

Glass Cocktail Glass

Garnish Rosemary, Lemon Peel

Address 서울시 강남구 역삼동 602
노보텔 호텔
Tel. 02-567-1101

T h e
L o u n g e

_ 기존의 무알코올Non-alcohol 칵테일이었던 레시피 변형으로 '향수'라는
칵테일명에 걸맞게 좋은 향과 달콤한 맛이 특징.
_ The Lounge는 바(지하 1층)와 카페 스타일(지상 1층)로 되어 있으며 1층과
2층은 원형 계단으로 이어져 있다.

Area	시청
Channel	Hotel
Bartender	배병준 지배인
Cocktail	Perfume 향수
Recipe	Snow Leopard 1$\frac{1}{2}$ oz Rose Syrup 1/2 oz Cranberry Juice 1 oz Fresh Lime 1

1. 쉐이커에 Snow Leopard,
   로즈 시럽, 크랜베리 주스,
   라임 1개분 라임 주스를
   쉐이커에 넣는다.
2. 쉐이커에 얼음을 채우고
   쉐이킹한 후 파인 스트레인
   하여 준비된 잔에 용액을
   넣어준다.
3. 가니쉬로 장식한다.

Glass	Champage Flute
Garnish	Peeled Grape (or White Grape), Mini rose
Opening Time	Every Day 5 pm - 1 am
Address	서울시 중구 소공로 119 롯데호텔
Tel.	02-771-2200

Pavox Ⅱ

_ '마이 라이프'는 신선하면서 편안한 느낌이 나는 칵테일로 달콤한 복숭
  아 맛과 섬세한 스노우 레퍼드 보드카의 맛을 살린 것이 특징이다.
_ Pavox Ⅱ는 본격 다이닝 바이며, 유명 쉐프인 강성모 쉐프가 주방을
  담당하고 있는 하이 퀄리티 다이닝 바이다.

Area	신사동
Channel	Dining Bar
Bartender	장만진 대표
Cocktail	My Life 마이 라이프

Recipe	Snow Leopard 40ml
	Peach Liqueur 30ml
	Lemon juice 15ml
	
	1. 차가운 온더락 글라스에
	  아이스 블록을 넣어준다.
	2. 잔에 Snow Leopard,
	  복숭아 리큐어, 레몬 주스를
	  넣고 스터한다.
	3. 가니쉬로 장식한다.

Glass	On the Rock Ice Block
Garnish	Lemon Peel, 천도 복숭아
Opening Time	월요일 – 토요일 6 pm – 3 am 일요일 휴무
Address Tel.	서울시 강남구 신사동 563–18 02-3444–5684

J & L
Classic Bar
제이앤엘

_ Dark & White Leopard 칵테일은 스노우 레퍼드를 형상화 한 칵테일이며, 티백을 사용하여 영국적인 감성을 살린 칵테일이다.
_ 티백은 일반적인 잉글리쉬 블랙퍼스트를 사용하지만 기호에 맞춰서 바꿀수 있다.
_ J&L은 모든 시럽, 비터를 직접 만들어 사용하고 있으며, 30가지 이상의 시그니처 칵테일을 개발했다. 또한 업장은 볼거리, 문화 활동, 공연, 파티 등이 있는 복합 문화 공간이다.

Area	신사동
Channel	Malt bar
Bartender	이영호 바텐더
Cocktail	Dark & White Leopard 다크엔 화이트 레퍼드
Recipe	Snow Leopard 45ml Sugar Syrup 10ml Lemon Juice 3 dash Milk 60ml 1 Tea Bag Orange Bitter 1. 쉐이커에 Snow Leopard, 설탕 시럽, 레몬 주스, 우유, 티백 하나를 넣는다. 2. 얼음을 넣고 쉐이킹한 후 준비된 잔에 파인 스트레인 하여 용액을 넣어준다. 3. 오렌지 비터를 뿌려주고 가니쉬로 장식한다.
Glass	Cocktail Glass
Garnish	Grounded Dark Chocolate
Opening **Time**	월요일 – 토요일 7 pm – 2 am 일요일 휴무
Address **Tel.**	서울시 강남구 신사동 650–16 02–545–0898

R o b i n' s
S q u a r e
로빈스 스퀘어

_ 로빈스 스퀘어에서만 구할 수 있는 더치 커피를 사용해서 매우 풍부한
맛을 자랑하는 칵테일.
_ 친구 집처럼 쉬러 갈 수 있는 편안한 공간.
_ 홍대에 위치한 몰트바이며, 칵테일 및 위스키 입문자들이 많이 찾는다.

Area 홍대

Channel Trendy Bar

Cocktail Dutch Martini
더치 마티니

Recipe Snow Leopard 1 oz
Dutch Espresso 2 oz
Coffe Liqueur 1/2 oz
Bols Cacao Brown 1/2 oz

1. 쉐이커에 Snow Leopard,
   더치 커피 에스프레소,
   커피 리큐어, Bols Cacao
   Brown을 넣어준다.
2. 쉐이커에 얼음을 넣고
   쉐이킹한 후 준비된 잔에
   스트레인 하여 용액을
   넣어준다.
3. 가니쉬로 장식한다.

Glass Cocktail Glass
Chilled

Garnish Coffee beans,
Grounded Coffee beans

**Opening
Time** Every Day
6 : 30 pm – 5 am

Address 서울시 마포구 서교동 407-1
지하 1층
Tel. 02-6085-6421

L u p i n
루팡

_ 루팡처럼 손님들의 감성을 훔치는(Stealing Sencebility) 공간.
_ 4명 이하의 그룹 손님층이 많이 찾는다.
_ 약 30명 Seating 가능, 5명 이상의 수상 경력 보유 바텐더(1명의 바텐더가 Max 6명의 손님 딜링)가 있다.

Area	청담동
Channel	Malt Bar
Bartender	김지훈 치프 바텐더
Cocktail	Snow Leopard Bloody Mary 스노우 레퍼드 블러드 메리
Recipe	Snow Lopard 40ml Mixed Tomato juice 80ml Lemon Juice 15ml Pinch of Black Pepper Worcester Sauce Tabasco 1. 쉐이커에 모든 재료를 넣어준 후 얼음을 넣는다. 2. 또 다른 믹싱 틴을 준비하여 롤링 기법으로 음료를 잘 섞는다. 3. 준비된 잔에 얼음을 넣고 스트레인하여 용액을 넣어준다. 4. 가니쉬로 장식한다.
Glass	Sour Glass, Highball Glass Chilled with Ice
Garnish	Black Pepper, Cherry Tomato, Ground Dry Basil
Opening Time	월요일 – 토요일 7 : 30 pm – 3 am
Address	서울시 마포구 서교동 407–13
Tel.	02–6085–6421

Vault 82+

볼트 82+

Mixit Signature Cocktail Comments

_ 문화 공간(1층 구두점, 2층 그릴 레스토랑, 지하 1층 Malt Bar)
_ 30~40대 직장인들이 내 집처럼 편안하게 즐길 수 있는 공간이다.
_ 업장 크기에 비해 좌석수는 줄여 손님의 공간을 최대한 확보하고 있다.
_ 클래식 레시피가 주. 대부분의 레시피는 어렵지 않으며 너무 많은 재료를 섞지 않는 것을 원칙으로 하고 있다.

Area	청담동
Channel	Malt Bar
Bartender	서용원 바텐더
Cocktail	Alice in Wonderworlds 이상한 나라의 엘리스
Recipe	Snow Leopard 40ml Carrot Juice 90ml Red Apple Syrup 15ml 1. 쉐이커에 Snow Leopard, 당근 주스, 사과 시럽을 넣는다. 2. 쉐어커에 얼음을 넣고 쉐이킹한 후 파인 스트레이너를 사용하여 준비된 잔에 용액을 넣어준다. 3. 가니쉬로 장식한다.
Glass	Cocktail Glass Chilled
Garnish	Red Paprica, Celery leaves
Opening Time	Everyday 7 pm - 4 am
Address	서울시 강남구 청담동 95-15
Tel.	02-544-9234

128

Le Globe

글로브

_ 복합 문화 공간으로 예술과 공연이 어우러진 곳이다.
_ 업장의 사진과 그림은 정기적으로 교체하고 있으며, 작가를 초청하여 전시회를 열기도 한다. 음악은 디제잉 뿐만 아니라 국악 공연을 하기도 한다.
_ 패션쇼를 진행하기도 하는 유럽적인 감성을 자극하는 업장으로 유명 하다.

Area	이태원
Channel	Trendy Bar
Bartender	Ace 바텐더
Recipe	Snow Leopard 1$\frac{1}{2}$ oz Orange Liqueur 3/4 oz Orange 1/4 ea Lime 1/4 ea Tonic Water

1. 믹싱 글라스에 Snow Leopard, 오렌지 리큐어, 오렌지 1/4조각, 라임 1/4 조각을 넣는다.
2. 재료들을 머들링 하여 준비된 잔에 얼음을 넣고 파인 스트레인하여 용액을 넣는다.
3. 잔을 토닉 워터로 채우고 가니쉬로 장식한다.

Glass	On the Rock Cinammon Smoked
Garnish	Orange Skin Cocktail Cherry
Opening Time	일요일 – 목요일 7 pm – 3 am 금요일, 토요일 7 pm – 5 am
Address	서울시 용산구 이태원동 112–6
Tel.	02–792–1127

130

74 Bar

세븐티 포

_ 제철 과일을 사용하여 만드는 칵테일이 많으며, 매 분기마다 칵테일 메
뉴를 리뉴얼 하고 있다.

_ 클래식한 느낌의 라운지 바이며 20대부터 50대까지 다양한 연령층을
확보하고 있다.

_ 젊은 연령층의 데이트 코스로 각광받고 있으며, 여성이 주된 타깃층이
다. 74 Bar는 7일, 4시즌을 의미한다.

Area	청담동
Channel	Trendy Bar
Bartender	이은채 바텐더
Cocktail 1	**Cherry Cosmopolitan** 체리 코스모폴리탄
Recipe 1	Snow Leopard 30ml
	Cherry 3 ea(Muddling)
	Orange Liqueur 20ml
	Cherry Syrup 10ml
	Fresh Lemon Juice 20ml

1. 쉐이커에 모든 재료를 넣어준
   후 얼음을 넣는다.
2. 또 다른 믹싱 틴을 준비하여
   롤링 기법으로 음료를 잘
   섞는다.
3. 준비된 잔에 얼음을 넣고
   스트레인하여 용액을
   넣어준다.
4. 가니쉬로 장식한다.

Glass	Cocktail Glass Chilled
Garnish	Cherry, Lemon Peel, Rosemary, Mint Leaves
Opening Time	평일 7 pm – 2 am 주말 7 pm – 3 am
Address	서울시 강남구 청담동 83–20
Tel.	02–542–7412

Cocktail 2   **Plum Martini**
플럼 마티니

Recipe 2   Snow Leopard 30ml
Red Plum 1ea(Muddling)
Cranberry Juice 30ml
Simple Syrup 10ml

1. 쉐이커에 모든 재료를 넣어준
   후 얼음을 넣는다.
2. 또 다른 믹싱 틴을 준비하여
   롤링 기법으로 음료를 잘
   섞는다.
3. 준비된 잔에 얼음을 넣고
   스트레인하여 용액을
   넣어준다.
4. 가니쉬로 장식한다.

Glass   Cocktail Glass
Chilled

Garnish   Red Plum, Mint Leaves

이 서적 내에 사용된 사진의 저작권은 (주)에드링턴 코리아에 있습니다.

KI신서 5880

MIXIT
믹솔로지스트가 재현하는 트렌디 칵테일 68

1판 1쇄 인쇄 2015년 2월 4일
1판 1쇄 발행 2015년 2월 16일

글 (주)에드링턴 코리아 **사진** 하세영 안동식
펴낸이 김영곤 **펴낸곳** (주)북이십일 21세기북스
부사장 이유남 **출판개발1실장** 신주영
국내기획팀 최지연 남연정 김소정 **디자인** 성인기획
마케팅본부장 이희정 **마케팅** 민안기 김홍선 김한성 강서영 최소라 백세희
영업본부장 안형태 **영업** 권장규 정병철
출판등록 2000년 5월 6일 제10-1965호
주소 (413-120) 경기도 파주시 회동길 201(문발동)
대표전화 031-955-2100 **팩스** 031-955-2151 **이메일** book21@book21.co.kr
홈페이지 book21.com **트위터** @21cbook **블로그** b.book21.com

ⓒ (주)에드링턴 코리아, 2015

ISBN 978-89-509-5769-8 13590
책값은 뒤표지에 있습니다.

이 책 내용의 일부 또는 전부를 재사용하려면 반드시 (주)북이십일의 동의를 얻어야 합니다.
잘못 만들어진 책은 구입하신 서점에서 교환해 드립니다.